U0588467

中国公民科学素质提升行动丛书

老年人科学素质提升行动
·融媒体版·

《中国公民科学素质提升行动丛书》编写组　编

科学普及出版社
·北　京·

丛书指导委员会

（按姓氏笔画排序）

孔　源　关　明　孙　哲　李　淼　李伯虎　杨起全
吴孔明　吴伟仁　何　丽　何　群　张步仁　林　群
罗会仟　姜文良　宫晨光　胥和平　秦大河　袁江洋
高登义　唐　芹　盛明富　雷家骕　翟杰全

丛书编写组

丁　培	万维钢	马志飞	马冠生	王　光	王　晨
王　翔	王　磊	王立铭	王俊鸣	王冠宇	王海凤
牛玲娟	毛　峰	卞毓麟	尹　沛	尹传红	申立新
史　军	包　宏	冯桂真	邢立达	毕　坤	刘　博
刘　鹤	刘春晓	安　静	许　晔	许仁华	李　响
李　铮	李志芳	肖宗祺	吴　华	吴苏燕	余　翔
张　刃	张　闯	张　晔	张天蓉	张文生	张世斌
张劲硕	张继武	张婉迎	陈　灿	陈红旗	范丽洁
周又红	庞　辉	郑永春	单之蔷	孟　胜	赵　斌
赵春青	段玉佩	俞冀阳	闻新宇	姜　霞	祝晓莲
秦　彧	夏　飞	郭玖晖	郭晓科	黄　大	梁　进
董　宽	蒋高明	谢　兰	谢映霞	雷　雪	廖丹凤
赛先生	滕　飞	滕继濮	潘　亮	鞠思婷	魏晓青
籍利平					

前言

习近平总书记指出："科技创新、科学普及是实现创新发展的两翼，要把科学普及放在与科技创新同等重要的位置。没有全民科学素质普遍提高，就难以建立起宏大的高素质创新大军，难以实现科技成果快速转化。"

《中国公民科学素质系列读本》（以下简称《素质读本》）是中国科协为推动全民科学素质行动在"十三五"期间的有效开展而立项的大型出版项目。《素质读本》于2015年9月出版，后于2016年10月升级为融媒体版。

2021年启动的第3版修订工作，对标《全民科学素质行动规划纲要（2021—2035年）》（以下简称《新纲要》），重点围绕践行社会主义核心价值观，大力弘扬科学精神，培育理性思维，养成文明、健康、绿色、环保的科学生活方式，提高劳动、生产、创新创造的技能等专题进行内容修订。根据《新纲要》界定的五大人群，本次修订后的《素质读本》更名为《中国公民科学素质提升行动丛书》，包括《小学生科学素质提升行动》《中学生科学素质提升行动》《农民科学素质提升行动》《产业工人科学素质提升行动》《老年人科学素质提升行动》《领导干部和公务员科学素质提升行动》。

《素质读本》自问世以来，取得了社会效益、经济效益双丰收：图书获多项省部级出版物奖，衍生产品《公民科学素质动漫微视频》获第五届中国出版政府奖音像电子网络出版物奖提名奖；图书累计发行逾130万册，视频全网播放量逾10亿次。希望本次修订的版本，能够继续成为我国公民科学素质提升行动的重要工作抓手之一，为我国科学素质建设发挥积极作用！

《中国公民科学素质提升行动丛书》编写组

2023年5月

目录 Contents

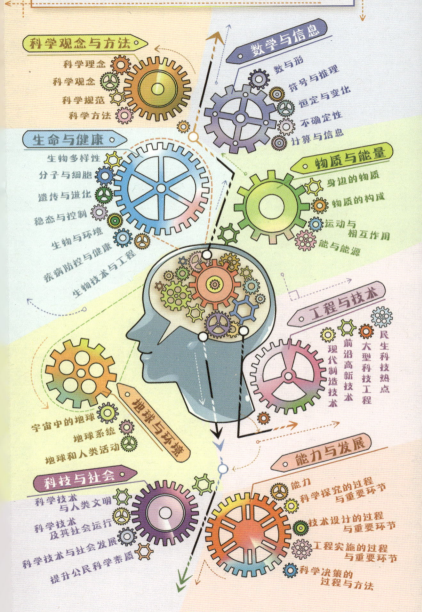

全民科学素质学习大纲结构导图

科学观念与方法
科学理念
科学观念
科学规范
科学方法

数学与信息
数与形
符号与推理
恒定与变化
不确定性
计算与信息

生命与健康
生物多样性
分子与细胞
遗传与进化
稳态与控制
生物与环境
疾病防控与健康
生物技术与工程

物质与能量
身边的物质
物质的构成
运动与相互作用
能与能源

工程与技术
民生科技热点
大型科技工程
前沿高新技术
现代制造技术

地球与环境
宇宙中的地球
地球系统
地球和人类活动

科技与社会
科学技术与人类文明
科学技术及其社会运行
科学技术与社会发展
提升公民科学素质

能力与发展
能力
科学探究的过程与重要环节
技术设计的过程与重要环节
工程实施的过程与重要环节
科学决策的过程与方法

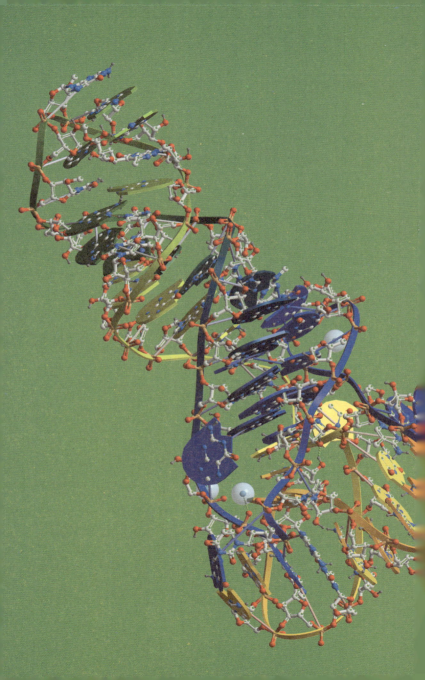

生命与健康

1 为什么说地球生命在不断进化

  地球已经诞生了约 46 亿年。已知的生物有 200 多万种，其中植物 40 多万种、动物 150 多万种、微生物 10 多万种。它们是怎么产生的呢？

  目前最被认可的进化论学说认为，地球上的生命，从最原始的无细胞结构生物进化为有细胞结构的原核生物，从原核生物进化为真核单细胞生物，然后按照不同方向发展，出现了真菌界、植物界和动物界。植物界从藻类到裸蕨植物再到蕨类植物、裸子植物，最后出现了被子植物。动物界从原始鞭毛虫到多细胞动物，从原始多细胞动物到脊索动物，进而演化出高等脊索动物——脊椎动物。脊椎动物中的鱼类又演化到两栖类再到爬行类，从中分化出哺乳类和鸟类，哺乳类中的一支进一步发展为高等智慧生物，这就是人。

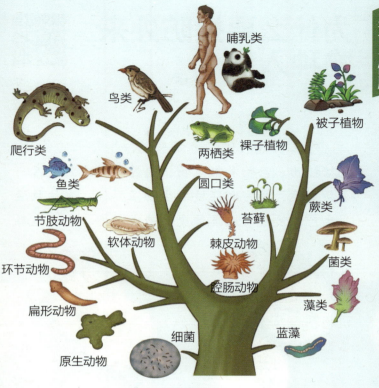

哺乳类

鸟类

被子植物

爬行类

两栖类

裸子植物

鱼类

圆口类

蕨类

节肢动物

苔藓

软体动物

棘皮动物

菌类

环节动物

腔肠动物

藻类

扁形动物

细菌

蓝藻

原生动物

生命进化树

小 测 验

人类是从较早期的动物进化而来的吗？____A____

A. 是的　　　　　　　B. 不是

3

2 为什么要提防外来物种入侵

外来物种入侵，通俗来说，指外来的物种，包括植物、动物和微生物，通过各种方式进入一个新环境，损害新环境的生物多样性、农林牧渔业生产以及危害人类健康，造成经济损失及生存

小龙虾　　　　　福寿螺

水葫芦　　　　　水花生

入侵的外来生物

灾难的过程。

在我国，外来物种入侵的例子数不胜数。当年为了解决养猪的饲料问题而引入的水葫芦，使本地原来的水生植被消亡，对水产养殖造成很大的伤害，同时还造成下水道淤塞，对航运、水力发电设施都造成影响；红火蚁在厦门翔安新店镇横行，咬伤村民无数，令村民谈蚁色变；早年用来致富引进的福寿螺，如今反而成了农田灾害，造成农作物大量减产；还有广西柳州的食人鱼伤人事件等。

防治外来物种入侵，国家首先要加强检疫，防止无意中引进物种；针对引进的物种，切实做好风险评估；对已入侵的物种，要及时进行控制和铲除。对我们个人来说，要注意不携带那些不应该携带的生物；如果携带生物要主动接受并配合有关部门的检查；发现异常物种或现象，要及时向相关部门报告。

小测验

外来物种入侵指外来的物种通过各种方式进入一个新的地区。___A___

　A. 对　　　　B. 错　　　　C. 不一定

3 为什么生命离不开空气和水

　　人们常说"水是生命之源"，地球生命正是在温暖的海洋中萌芽的。人类的生存更是离不开水，人如果不吃饭的话，一个星期没有问题，甚至可以坚持更长时间。不喝水的话，大概只能坚持3～5天。但是，如果不呼吸空气呢？通常来说，根本用不了5分钟，人就会窒息而死。生命，确实离不开空气和水。

　　人要呼吸空气，为的是吸入空气中的氧气。氧气在空气中的含量约为21%，它被人吸入肺脏后，透过细支气管末梢的上亿个肺泡膜进入血液，再由红细胞通过动脉系统输送到全身组织中。我们吃下的营养物质，经氧化转换成能量，维持生命的存续。实验显

示，人呼出的气体中，氧含量大约为 14%，比吸入时降低了 7%，因为它们在人体内被消耗了。

至于占到空气含量 78% 的氮气，同样与人的生命息息相关。氮气经过微生物的作用进入土壤，被植物吸收转化为蛋白质，成为人延续生命所必需的营养物质。大自然奥妙无穷，我们不用担心空气用光了怎么办。就拿氧气来说，地球上的植物白天吸入二氧化碳，同时释放氧气，这种光合作用始终维持着氧气平衡。

没有水，同样也没有生命。一个人身体内的水，大致占到体重的 70%。具体到血液里，水分占到 90%。水是身体能量的主要来源，可以参与人体内营养物质的吸收、消化和代谢，还具有调节体温、提高机体免疫力等功能。人的一生将消耗近百吨的水，并且大约在两周左右时间，体内的水就会全部更新一次，从而保持生命的活力。

7

4 转基因是怎么一回事

早在 2014 年，《科学美国人》中文版《环球科学》杂志就将转基因评选为年度十大科技热词之一。在日常生活中，我们也常会听到关于转基因的议论。那么什么是转基因？为什么人们会这么关注转基因呢？

其实，所谓转基因，就是利用分子生物学技术，将某些生物的基因转移到其他物种中去，改造生物的遗传物质，使其在性状、营养品质、消费品质等方面向人类所需要的目标转变。以转基因生物为直接食品或为原料加工生产的食品，就是转基因食品。

美国 60％以上的加工食品含有转基因成分，90％以上的大豆、50％以上的玉米和小麦是转基因的。

转基因的动物和植物基因经过科学的调整

和改变，在生长性状上有明显的优势，如优质高产、抗虫、抗病毒、抗除草剂、改良品质、抗逆境生存等。

我们对于转基因的关注主要来自对自身健康的担忧，不过，目前还没有研究报告证实转基因食品给人体带来了疾病。许多国家会强制性要求对转基因生物产品进行标注，在美国和加拿大则采取自愿标识的政策，市场上的转基因食品和传统食品完全不会被区别对待。

转基因技术虽然引起了一些争议，但是也不能否认它给我们的生活带来的便利和效益，所以我们应该理性看待转基因，不必因此而过分焦虑、恐慌。

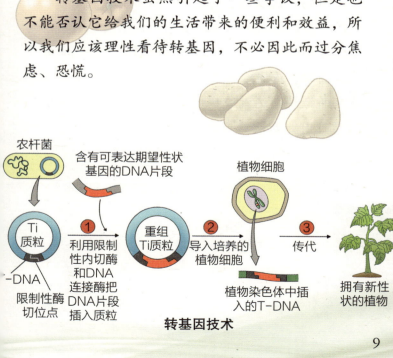

农杆菌

含有可表达期望性状基因的DNA片段

植物细胞

Ti质粒

T-DNA

限制性酶切位点

① 利用限制性内切酶和DNA连接酶把DNA片段插入质粒

重组Ti质粒

② 导入培养的植物细胞

植物染色体中插入的T-DNA

③ 传代

拥有新性状的植物

转基因技术

5 基因诊断技术在人类疾病诊断和治疗方面有哪些用途

基因诊断又称DNA诊断或分子诊断，通过分子生物学和分子遗传学的技术，直接检测出基因的分子结构水平和表达水平是否异常，对疾病做出判断。

目前，医生做出的诊断往往不能做到百分之百的准确。而基因诊断则完全不同，它是一种对患者基因的实际检测，能排除生活习惯等外界因素的干扰。因此，基因诊断能够做到从根本上了解病因和疾病的进展，达到准确诊断、指导治疗的目的。

目前，基因诊断主要有以下三方面用途。

1. 了解胎儿的遗传缺陷。 遗传病有数千种之多，

基因诊断可以检出胎儿是否有缺陷。

10

用基因诊断可以全部检出，而且胎儿在接受产前基因诊断时完全不受损伤。目前，比较常见的肌营养不良、血友病、先天性耳聋等遗传病都可以检测出来。

2. **将肿瘤扼杀在摇篮里**。肿瘤治疗效果好坏取决于确诊的早晚。随着基因诊断技术的发展，对肿瘤实行超早期基因诊断和复发监测将成为可能。未来，只要体内有区区数个癌细胞或只是癌前病变，医生就可以及时将癌细胞杀死，不仅疗效好、费用低、痛苦少，还不会影响自身的免疫机能。

3. **短时间内明确病菌的抗药性**。由于环境变化和抗生素滥用，许多病原体都具有抗药性，甚至出现了一些多重耐药的超级致病菌。以高集成、大通量的生物芯片为基础，新一代基因诊断技术能够在很短时间内一次完成多种病原体的鉴定和多种药物的抗药性分析，及时筛选出最佳药物用于临床。

小测验

基于基因水平进行的诊断和治疗，称为 ___A___ 。
A. 基因诊断和基因治疗
B. 基因诊断和疾病治疗

6 干细胞到底有什么用

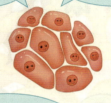

自我无限复制。

分化成其他类型的组织细胞。

利用造血干细胞移植技术治疗白血病。

干细胞可治疗疾病

干（gàn）细胞是一类具有自我复制能力的多潜能细胞，具有两种特性：一是可以自我无限复制；二是可以分化成其他类型的组织细胞。

干细胞具有这两种神奇特性，因此可以利用干细胞来治疗一些用其他的方法难以治愈的疾病。

目前，我们已经成功地利用造血干细胞移植技术治疗白血病。未来，患有失明、脑瘫、阿尔茨海默病、糖尿病、慢性心脏病、急性心肌梗死等疾病的人，甚至癌症患者，都有希望借助干细胞移植得以康复。

2015年，世界首个干细胞治疗产品在欧洲上市，用于修复患者眼角膜的损伤。近年来，中国干细胞临床转化路径逐步清晰。2017年，首批8个干细胞临床研究通过国家备案，此后的3年中备案项目已增至60余项。

小测验

1. ___C___ 是一种未充分分化、尚不成熟的细胞，具有再生各种组织器官和人体的潜在功能，医学界称为"万用细胞"。

　　A. 细胞　　　　B. 活细胞　　　　C. 干细胞

2. 人体的衰老，皱纹的出现，究其根源都是细胞的衰老和减少。而细胞的衰老和减少则是由___A___老化引起的。

　　A. 干细胞　　　B. 细胞　　　　C. 活细胞

你的膳食宝塔牢固吗

盐<5克
油25~30克

奶及奶制品300~500克
大豆及坚果类25~35克

动物性食物120~200克
——每周至少2次水产品
——每天1个鸡蛋

蔬菜类300~500克
水果类200~350克

谷类200~300克
——全谷物和杂豆50~150克
薯类50~100克

水1500~1700毫升

中国居民平衡膳食宝塔

营养过剩

营养不良

要想使积木搭建的城堡足够稳固，必须使它具备合理的结构。同样的道理，要想身体"堡垒"坚不可摧，也需要搭建合理的膳食宝塔。

平衡膳食宝塔共分五层，包含我们每天应吃的主要食物种类。谷类、薯类含碳水化合物；

肉、蛋、奶和豆类含优质蛋白质；食用油含脂肪；蔬菜、水果含维生素、矿物盐及微量元素……这些营养素对于维持我们的健康具有重要的作用。

1. 三餐合理，吃好早餐

三餐的比例要适宜，早餐提供的能量应占全天总能量的 25% ～ 30%，午餐应占 30% ～ 40%，晚餐应占 30% ～ 40%。

2. 不盲目节食

过度节食会导致机体电解质平衡紊乱，使人出现焦虑不安、抑郁、失眠、强迫性思维等精神症状，严重的会导致死亡。

3. 远离高脂、高糖、高盐食品

薯条、饼干、可乐等是高盐、高糖、高能量食品，不仅不能为我们提供足够的营养，还会影响某些营养物质的吸收，增加代谢负担，甚至引发疾病。

8 为什么蔬菜和水果相互不能代替

　　蔬菜和水果在营养成分和健康效用方面有很多相似之处，但营养价值各有特点。蔬菜品种远多于水果，而且多数蔬菜（特别是深色蔬菜）的维生素、

奶类和豆制品

鱼禽蛋和瘦肉

少油少盐少糖

粗粮细粮

1500～1700毫升水

饮料和酒

蔬菜水果薯类

吃东西要杂一些，总量控制，种类越多越好

矿物质、膳食纤维等含量高于水果，所以水果不能代替蔬菜。但水果中的碳水化合物、有机酸和芳香物质比新鲜蔬菜多，且水果食用前不用加热，其营养成分不受烹调因素的影响，所以蔬菜也不能代替水果。推荐每餐有蔬菜，每日吃水果。

小测验

　　水果不能代替蔬菜，水果多含　B　，而蔬菜多含　A　。另外，果汁也不能代替水果，因为它在制作过程中，已经损失了大量的　D　。

A. 不可溶性的纤维　　　　B. 可溶性的纤维

C. 维生素　　　　　　　　D. 膳食纤维

9 食品添加剂和违法添加物是一回事吗

　　食品添加剂在日常饮食中普遍存在。这种人工合成或天然存在的物质，能够改善食品的色、香、味等品质，同时满足食品加工和防腐的需要。举例来说，肉类中的脂肪容易被氧化，释放出许多挥发性的小分子，闻上去有一种"哈喇味"。抗坏血酸加入以后，便会抢先消耗周围的氧气，保护油脂不被氧化，有助于保持肉味的新鲜。我们日常所用的酱油，里面也含有防腐剂，而在烹饪中使用酱油是普遍的事情。

　　现代人对于食品安全或者马虎大意，或者过度恐惧，这都是科普知识不够"惹的祸"。有些人认为，高温和煮沸可以杀灭食品中的所有病

菌。其实，那些含有放射性物质的牛奶，即便反复煮沸也不能饮用，因为煮沸过后放射性元素依然存在。在食品添加剂的问题上，很多人因为缺少科学常识，所以把食品添加剂和非法添加物混为一谈，把食品添加剂的使用和滥用画上了等号，闻"添加"而色变，甚至把三聚氰胺、苏丹红的罪恶都记在食品添加剂的头上，这也是一件不公平的事情。

有一些食品打着"零添加"的标签，宣称不含任何食品添加剂，其实在现代食品工业中，完全不使用食品添加剂的食品几乎没有，至少加工过程都离不开加工助剂。另外，规范使用的食品添加剂，具有保障食品安全的作用。

我们的身体为什么离不开微量元素

　　20世纪50年代，在日本熊本县水俣湾附近的小渔村里，怪事接连发生。温顺的小猫突然抽筋麻痹，跳入海水自溺而死；一些渔民变得口齿不清、步态不稳，严重者甚至耳聋眼瞎、全身麻木，最后精神失常。原来，当地氮肥厂的废水污染了海域，猫和渔民长期食用含汞超标的鱼类后，引起了甲基汞慢性中毒。

　　这起震惊世界的"水俣病事件"，工业废水是"罪魁祸首"，汞元素被列入了"黑名单"，很多微量元素也跟着背了"黑锅"。幸好，科学研究早已证明，人的生存和健康根本离不开微量元素，人们不能因为一次由汞引发的悲剧，就给所有的微量元素贴上有害的标签。

　　在人体内已经检验出的90种元素里，氧、碳、氢、氮"四大家族"至少占到95%，钙、磷、钾、硫、钠、氯、镁的含量也不少。除此之外，那些含量不足0.01%的元素则统称微量元素。

其中，铁元素只占 0.006%，锌元素只占 0.0033%，钴元素甚至还不到十亿分之一。迄今为止，已被确认的人体必需的微量元素有 18 种，包括铁、铜、锌、钴、锰、铬、硒、碘、镍、氟、钼、钒、锡、硅、锶、硼、钒和砷。

元素对人体的重要程度，不能以含量多少来衡量。微量元素含量极小，却维持着人体的新陈代谢。比如，缺铁可能引起缺铁性贫血，缺铬可能引起高血脂病和动脉粥状硬化，锰更是与遗传信息的携带者核酸的正常代谢密切相关。就连在日本引发水俣病的汞，当保证在安全剂量时也具有人体必需的功能。在抗病、防癌、延年益寿等方面，微量元素的重要作用就更不能小觑了。

11 糖尿病的危害有哪些

糖尿病是由于胰岛素分泌缺陷或胰岛素作用障碍导致的以高血糖为特征的代谢性疾病。糖尿病会对心脑血管、肾脏、周围血管、物质代谢、眼底血管等造成危害。

对心脑血管的危害　心脑血管并发症是糖尿病致命性的并发症，主要表现为动脉粥样硬化以及微血管糖尿病病变。

对肾脏的危害　表现为蛋白尿、水肿，甚至引发肾衰竭。

对周围血管的危害　可引起周围血管病变，主要以下肢动脉粥样硬化为主。

对物质代谢的危害　糖代谢严重紊乱，严重时出现酮症酸中毒和高渗性非酮症昏迷，病死率极高，须紧急救治。

对眼底血管的危害　可造成糖尿病视网膜病变、视网膜黄斑水肿、白内障等多种糖尿病眼底病。

糖尿病是一种全身慢性进行性疾病，目前是无法根治的，不过可以通过合理规范用药、饮食调理、运动调理等稳定血糖。值得注意的是，影响糖尿病的可变因素较多，因此患者要坚持长期治疗，预防并发症的发生。

糖尿病目前是无法根治的，可以通过合理规范用药、饮食调理、运动调理等稳定血糖

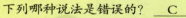

小测验

下列哪种说法是错误的？　　C

A. 糖尿病会对肾脏、心脑血管、周围血管、物质代谢等造成危害

B. 糖尿病目前是无法根治的

C. 可以不用药，通过饮食、运动等稳定血糖

23

12 哪些人要警惕得冠心病

冠心病是一种最常见的心脏病，指因冠状动脉发生粥样硬化病变而引起血管腔狭窄或阻塞，造成心肌缺血、缺氧或坏死而导致的心脏病。引起心脏冠状动脉管腔狭窄或阻塞的病变会减少心脏血流量的供应，情绪激动、运动量大量增加等因素则会引起心脏对血液需求量的增加，这些都是导致冠心病发生的危险因素。

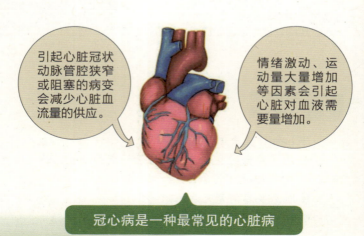

引起心脏冠状动脉管腔狭窄或阻塞的病变会减少心脏血流量的供应。

情绪激动、运动量大量增加等因素会引起心脏对血液需要量增加。

冠心病是一种最常见的心脏病

高血压、高血脂、糖尿病是患冠心病最重要的危险因素

引起冠心病的常见危险因素包括：

1. 高血压   2. 高血脂

3. 糖尿病   4. 吸烟、饮酒

5. 冠心病家族史   6. 年龄、性别

7. 肥胖和超重   8. 体力活动少

9. 不良饮食习惯，如喜欢高盐、高脂类饮食

10. 高尿酸血症

其中，高血压、高血脂、糖尿病是冠心病最重要的危险因素。

小 测 验

下列哪项是冠心病最重要的危险因素？　　B

A. 饮食习惯

B. 高血压、高血脂、糖尿病

C. 运动量

25

脑血管病指因脑血管破裂出血或血栓形成引起的，以脑部出血性或缺血性损伤症状为主要临床表现的疾病。其发病较急，病情凶险，一旦发病，重则死亡，或遗留口眼㖞斜、言语不利及肢

高度怀疑为脑血管病的症状

体麻木等后遗症，严重影响工作和生活。如何预防脑血管病呢？

1. 养成良好的生活习惯，如低盐饮食、低脂饮食、戒烟、限酒、控制体重、适当运动等。

2. 注意劳逸结合，避免长期高度精神紧张。

3. 积极防治可能引起脑血管病的危险因素，如高血压、高血脂、心脏病与糖尿病等，特别要防止血压骤升骤降。

4. 定期体检，每年至少检查1次血脂、血压、血糖等指标，发现疾病及时就医。

5. 高龄老人起床、如厕等须放缓动作。

6. 一旦发生言语不清、一侧肢体麻木无力、视力突然下降、剧烈头痛、眩晕等症状，要及时到医院就诊。

小 测 验

下列哪项症状高度怀疑为脑血管病？ ___C___
A. 恶心、呕吐
B. 头晕、头痛
C. 口眼㖞斜、言语不利、肢体麻木

高血压偏爱哪些人

根据《中国慢性肾脏病患者高血压管理指南（2023年版）》，在未使用降压药物的前提下，以下情况可诊断为高血压：非同日3次测量诊室血压，收缩压大于等于140毫米汞柱和（或）舒张压大于等于90毫米汞柱；单次诊室血压大于等于180/110毫米汞柱，并具有靶器官损伤或心血管疾病的证据；家庭血压监测平均收缩压大于等于135毫米汞柱和（或）舒张压大于等于85毫米汞柱。

吸烟喝酒

膳食高盐、低钾、低钙、低动物蛋白质的人

男性、老人

超重、肥胖

要警惕高血压！

高血压偏爱的人

高血压偏爱以下几类人：

1. **男性、老人**。男性患高血压者明显多于女性。无论男女，随年龄的增长，高血压发病人数增多。

2. **膳食高盐、低钾、低钙、低动物蛋白质的人**。一般北方人收缩压比南方人高。这可能与气候条件、饮食习惯、生活方式有关。

3. **脑力劳动者、白领**。脑力劳动者和从事紧张工作的人，比体力劳动者的高血压患病率高；城市居民较农村居民患病率高。这可能与生活紧张、精神心理因素、社会角色有关。

4. **超重和肥胖的人**。肥胖是高血压的重要危险因素。肥胖者高血压患病率是体重正常者的 2～6 倍。

5. **吸烟、喝酒的人**。吸烟、酗酒可使血压升高，诱发冠心病。

6. **父母有高血压病史的人**。调查结果发现，父母均患高血压病者，其患高血压病的概率高达 45%。

15 心理因素是如何影响身体状况的

我国医学很早就重视心理因素的致病作用。现代医学研究表明，多疑、傲慢、自卑、说谎、嫉妒、忧郁、恐惧等不良心理，会扰乱大脑的功能，引起机体内环境失调，从而使人生病，或者使病情恶化。愉快的心理情绪则可以提高大脑及整个神经系统的功能，使身体各个器官和系统的活动协调一致，从而保证食欲旺盛、精力充沛、思维敏捷、行动灵活。在这种状态下，人体适应

环境的能力以及抵抗疾病的能力都会明显增强。

因此，为了身体健康，每个人都要培养和保持健康的心理，做情绪的主人。

1. 用理智和意识来控制自己的情绪。

2. 通过转移注意力来调节自己的情绪。

3. 多方面培养自己的兴趣爱好。

4. 平时加强思想修养，学习一些心理卫生知识，努力用科学知识充实自己的头脑。

小测验

心理因素与疾病的发生有关系吗？　　C

A. 没有关系

B. 关系不大

C. 有重要的关系

16 "灵魂出窍"是怎么回事

如果一个疯疯癫癫的人告诉你他"见鬼了"，你可能会不以为然，那么一位精神正常的人非常认真地告诉你他"见鬼了"，你会不会也将信将疑呢？

早在2007年8月，《科学》杂志就发表了关于人类自我幻觉的研究论文，并用科学的方法证明了这些所谓的"灵异事件"并非超自然现象或特异功能。

《科学》杂志介绍了瑞典卡罗林斯卡研究所的认知神经学教授亨利克·埃尔逊和其研究小组发明的一种"能看到自己后背的眼罩"。研究人员在志愿者的背后2米处架设了2个摄像头，摄像头通过数据线与眼罩相连，当志愿者戴上眼罩后，就能通过眼罩中的微型显示器看到自己的后背，这就形成了视觉错位。

然后，一位研究人员站在摄像头视野外，两手各拿一根塑料棒，用其中一个塑料棒去戳志愿者的胸口（不让志愿者看到），用另一根塑料棒同步或者不同步地在摄像头前做戳的动作，这便产生了触觉错位。

视觉和触觉的错位使志愿者产生了奇异的体验，他们的大脑在解释感官信息时无法判断哪个感觉是属于自我的、真实的，好像有另一个"我"在看着、感受着自己。这样就模拟出了灵魂出窍的现象。

科学家为什么要研究灵魂出窍现象呢？其实，神经再生和修复技术、人工智能还有虚拟现实，都是灵魂出窍现象在我们生活中的应用。也就是说，大脑所接收的感官信息和其他信息一样，都是外界信息，是客观的，关键在于我们的大脑如何处理和运用它们。这是灵魂出窍现象的原因，也是科学家正在努力研究的重点。

为什么中午打盹儿有助于保持精力旺盛

　　我们人体的脑细胞一般可以维持兴奋 4～5 小时，之后便会转入抑制状态。午饭之后，为了促进食物的消化和吸收，消化道的血液供应需要明显增多，大脑的血液供应相应就会减少，从而导致随血流进入大脑的氧气也相应减少。于是，人体的生物钟会出现一次睡眠节律，使人产生精神不振、昏昏欲睡的感觉。此时，身体需要进行短时间的休息调整，以消除疲劳，恢复体力，稳定神经系统功能的平衡。所以，午间打盹儿是健康的生活习惯，不仅能迅速解乏，还能提升免疫力，让精力变得更充沛。

打盹儿是专家推荐的健康生活习惯，不仅能有效提升免疫力，还能迅速解乏，让精力更充沛。

小测验

　　德国科学家发现，人的完全苏醒状态只能持续约__B__小时，因此，即使白天也会产生小睡一会儿的需求。所以，__D__是现代快节奏生活中消除疲劳、补充精力、提高工作效率的有效措施。

A. 8　　　　　　　　　B. 4
C. 多睡觉　　　　　　　D. 打盹儿

18 是药就有三分毒吗

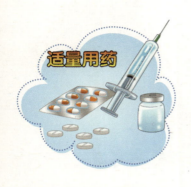

适量用药

"是药三分毒"是中医学里的一句话，很好地体现了中医辨证施治的思维。任何一种药物，都不可能包治百病，也不可能绝对没有副作用。西药也不例外，在生活中，人们最容易吃错的西药，莫过于抗生素了。

抗生素是一种能干扰其他活细胞发育功能的化学物质，它的主要功能是杀菌或抑菌。但是，抗生素并不能杀灭所有对人体有害的物质，比如病毒。也就是说，如果是患病毒性感冒，那么服用抗生素是不会有效果的。而且，随意服用抗生素还可能破坏人体内的正常菌群，反而会损害人的健康。

此外，细菌的耐药能力也是被抗生素"锻炼"出来的。在不必要的时候滥用抗生素，就相当于给了细菌一次次的"预警"和"演习"。细菌经过多次"演习"后，会产生强大的耐药性，成为"超级细菌"，此时绝大部分抗生素也就失去了效果，如果找不到新的或更高级的抗生素对抗它，人类在面临感染时很可能处于无药可用的境地。

另一种容易用错的药，就是安眠药——精神类药物。这类药物如果在浓度、剂量上把握不好，就很容易超过正常医疗的范畴，使人的神经系统产生依赖性，久而久之，就会形成药物依赖。

当我们觉得身体不适时，要尽快就医，**不要采取迷信的手段去求神拜佛**。服药要遵医嘱，切勿随意加大或减少药量，更不能滥用药品。对于毒品，更要远离。鸦片、海洛因、冰毒等毒品对人的中枢神经有着极大的刺激作用，一旦踏入它们的魔圈，

便难以摆脱身体和精神的双重依赖，轻者受病痛折磨，重者家破人亡。所以，我们一定要在毒品和自己之间划下一道决不能逾越的界限，否则一旦越过便是万劫不复！

为什么滥用抗生素的后果如此可怕

　　抗生素不仅能杀灭细菌，而且对真菌、支原体、衣原体等其他致病微生物也有良好的抑制和杀灭作用。通俗来讲，抗生素就是用于治疗各种细菌感染以及致病微生物感染的药物。

　　抗生素可分为多种类型，每一种类型对一定范围内的细菌有杀灭或抑制作用，但对另外的细菌则没有作用。如果抗生素选择错误或一种抗生素使用时间过长，就会造成不良后果。轻的对疾病没有治疗作用，严重的将会延误病情。

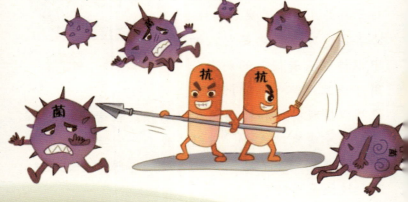

　　滥用抗生素的最大危害是使越来越多的细菌产生耐药性，一些原来很有效的抗生素渐渐失去了效力。为了对付细菌的耐药性，医生不得不同时使用多种抗生素，这样一些脆弱的有益细菌也会被置于死地，导致菌群失调，人体的抗病能力降低。还有，抗生素或多或少对人体产生副作用。此外，过多使用抗生素，会使自身的防御能力明显降低。

小测验

　　滥用抗生素的最大危害是＿＿B＿＿。
A. 人体抵抗力下降
B. 产生耐药性
C. 癌症发病率增加

20

在什么情况下才需要输液治疗

　　输液又被老百姓称为打点滴或吊水，指通过静脉滴注的方式，向体内注入一定的液体（一次给药在 100 毫升以上）。世界卫生组织要求，治疗中"可以口服的不注射，可以肌肉注射的不静

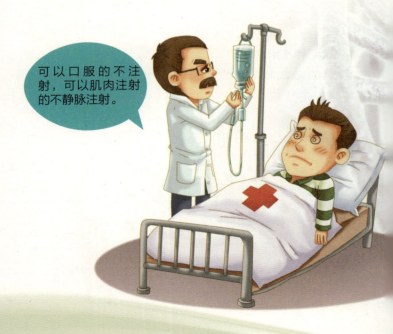

可以口服的不注射，可以肌肉注射的不静脉注射。

脉注射。"如医生违背这一原则，会给患者造成不良后果，甚至危及生命。

在什么情况下才需要输液呢？当患者病情危重、凶险时，特别是出现神志不清，不能或很难口服药物，或者胃肠道有反应时，必须进行输液治疗；使用不适宜口服的部分药物时，如青霉素等，由于易被胃酸破坏，可以采用输液的方式；使用胃肠反应大的药物时，也可以采用输液的方式。

尤其需要提醒的是，并不是一发烧就必须输液。一般来说，当患者的体温在38.5℃以下，可通过服用药物退热或使用冰袋物理退热；只有当患者体温超过38.5℃，且高烧不退，或者严重脱水导致体液电解质紊乱时，静脉输液退热才是不得已的选择。

小测验

在哪种情况下需要输液？　　C

A. 发烧　　　B. 腹泻　　　C. 严重脱水

地球与环境

21 宇宙起源于一次爆炸吗

宇宙变化的历史如何？它是否有一个起点和终点？它是如何演化成我们现在所观察到的这种形态的？人类对于这些问题的幻想和探索经历了漫长的时间。

广义相对论预言，宇宙中可能存在某些时空奇点，比如黑洞。像太阳这样的恒星，在燃料用尽之后，会发生引力坍缩而成为任何事物（包括光线），都无法逃离的黑洞。1929 年，天文学家哈勃观测到的哈勃红移现象与爱因斯坦广义相对

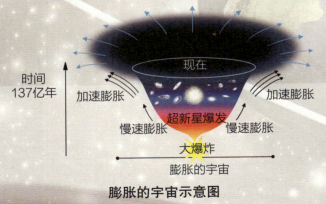

膨胀的宇宙示意图

论的预言相符合，都表明宇宙是不断膨胀的。

英国著名的物理学家霍金，不仅在经典物理的框架里证明了黑洞和大爆炸奇点的不可避免性，还考察了黑洞附近的量子效应，发现黑洞因辐射而越变越小，温度却越变越高，最后以爆炸而告终，而且整个宇宙正是起始于此。即宇宙起源于大约137亿年之前的一次大爆炸，大爆炸是时空中最原始的奇点。那时，所有质量都集中在一个几何尺寸很小的时空中，我们现在所感受到的时间和空间结构，就是从这个奇点爆炸而产生的。宇宙起源于大爆炸的学说还有待完善，但它已经能够对许多天文现象做出合理的解释，因而被物理学家、天文学家普遍接受。

随着科技的发展，天文观测的不断完善给我们提供了更精确的宇宙图景。1997年，天文观测证实了宇宙不仅在膨胀，而且在加速膨胀。此外，宇宙物质构成的成分比例也很令人吃惊，在构成宇宙的物质中，我们可以看得见摸得着的普通物质，只占很小一部分（约4.6%），而其余大部分是暗物质和暗能量。如今，科学家已经有了许多有关暗物质和暗能量存在的证据，但对它们的性质却仍然知之甚少。

地球其实是个"水球"吗

"啊，它是个蓝色的大水球。我们给地球起错名字了，它应该叫水球。"世界上第一个进入宇宙空间的人——苏联航天员加加林说。为什么从太空俯瞰，地球像一个蓝色大水球呢？

这是因为整个地球超过 2/3 的面积都被水覆盖。地球上的水分布在海洋、湖泊、沼泽、河流、冰川、雪山以及大气、生物体、土壤和地层之中，形成一个圈层，覆盖着地球。水面的大量水汽散射太阳光中波长较短的蓝紫色光，所以在太空中俯瞰，地球便呈现出美丽的蓝色。

虽然地球上水体总量超过 13 亿千米^3，

大气水 0.0009%

河流水 0.0002%

生物水 0.0001%

湖泊水 0.0127%

地下水 1.6883%

海水 96.538%

永冻层中冰 0.0216%

土壤水 0.0012%

沼泽水 0.0008%

冰川与永久积雪 1.7362%

地球上的水

但只有约 3% 是淡水，且主要以冰原的形式存在，其余约 97% 的水都在海里。地球上的海洋面积为 36100 万千米^2，占地球总面积的 71%，分为四个大洋：太平洋、大西洋、印度洋、北冰洋。

广袤的海洋被誉为"蓝色的国土"，它不仅给我们提供大量的鱼、虾、贝类等海产品，还蕴藏着珍贵矿产资源，如石油、天然气、煤炭以及多种金属矿。此外，海水的运动，如潮汐、波浪、海流等，可以产生能量巨大的动能，具有极大的开发潜力。

地球是个蓝色的"水球"

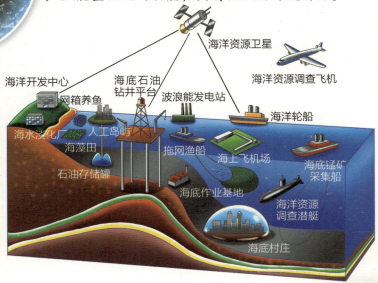

丰富的海洋资源等待人类进一步开发

23 我们生活的地球是如何形成的

地球是太阳系的一个成员。太阳系家族由太阳这颗恒星，水星、金星、地球、火星、木星、土星、天王星、海王星8颗行星，5颗已经辨认出来的矮行星，以及50万颗小行星、卫星和彗星组成，太阳是太阳系的"家长"。

根据拉普拉斯星云说理论，太阳系在形成之前，是一片由炽热气体组成的星云，当气体冷却引起收缩时，星云开始旋转。由于重力的作用，旋转速度加快，星云变成扁的圆盘状。我们知道，洗衣机有一个脱水机，把湿衣服放进去，脱水机快速旋转起来，衣服内的水分就会被"抛"出去，湿衣服变成了干衣服。把水抛出去的力，就是离心力。同样道理，当星云边收缩边旋转，周围物质的离心力超过了中心对它的引力时，就分离出一个圆环来。就这样，太阳系产生了一个又一个圆环。最后，中心部分变成太阳，周围的圆环变成了行星，其中一颗就是地球。地球是在大约46亿年前诞生的。

太阳系中有8颗行星，其中的一颗行星就是地球。

小测验

宇宙诞生于大爆炸，在形成星球的同时也逐渐形成了星系，星系中有__F__银河星系，其中一个银河系中有一个太阳系，太阳系中有__B__行星，其中的一颗行星就是地球。

A. 7颗　　B. 8颗　　C. 9颗

D. 1个　　E. 2个　　F. 约10亿个

24

你知道地球的内部构造和"体温"吗

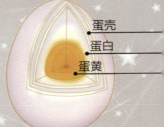

蛋壳
蛋白
蛋黄

鸡蛋

　　我们可以把地球看作半径约为 6371 千米的实心球体。它的构造就像一个半熟的鸡蛋，主要分为三层。地球的外表相当于蛋壳，这部分叫作地壳（qiào），它的厚度各处很不一样，由几千米到 70 千米不等，其中大陆壳较厚，海洋壳较薄。地壳的下面是中间层，相当于鸡蛋白，也叫地幔，厚度约为 2900 千米。地球的内部相当于蛋黄的部分叫作地核，地核又分为外地核和内地核。

　　地球每一层的温度很不相同。从地表以下平均每下降 100 米，温度升高 $3℃$，在地热异常区，温度随深度增加得更快。比如，我国华北平原某一个钻井钻到 1000 米时，温度为 $46.8℃$，钻到 2100 米时，温度升高到 $84.5℃$。根据各种资料推断，地壳底部和地幔上部的温度为 1100～1300℃，地核温度为 2000～5000℃。

地球内部越接近地心，温度越高。

地壳
地幔
地核

地球

地球的内部结构

小测验

地球的内部结构为一同心状圈层构造，由地表至地心依次分为地壳、地幔、地核，地核又分为内地核与外地核两部分。地球内部越接近地心，温度___A___。

A. 越高　　B. 越低　　C. 越温和

25

一天和一年
是怎么来的

　　我们所说的一天 24 小时，一年 365 天是根据地球的自转和公转得来的。

　　地球绕自转轴自西向东的转动，叫作地球自转。地球自转一周是 23 小时 56 分 4 秒，这就是所说的一天。

　　地球在自转的同时还围绕太阳转动，地球环

我自转一圈是一天，我绕着太阳转一圈就是一年。

绕太阳的运动叫作地球公转。地球公转的周期约等于 365 日 6 时 9 分 10 秒，这就是所说的一年。

小测验

地球绕太阳公转一圈的时间是__B__。

A.1 天   B.1 年   C.1.9 年

26 你知道地震是怎么发生的吗 遇到地震该怎么办

地震分为天然地震和人工地震两大类。根据地震的成因，可以把地震大致分为以下几种。

1. 构造地震。也称断层地震，是由地壳发生断层引起的。地壳（或岩石圈）在构造运动中发生形变，当变形超出了岩石的承受能力，岩石就发生断裂，在构造运动中长期积累的能量急剧地释放出来，以地震波的形式向四面八方传播出去，到地面引起房摇地动，称为构造地震。这类地震发生的次数最多，破坏力也最大，占全世界地震的90%以上。我们通常说的地震，指的就是构造地震。

2. 火山地震。由于火山作用，如岩浆活动、气体爆炸等引起的地震称为火山地震。只有在火山活动区才可能发生火山地震。

3. 塌陷地震。由于地下岩洞或矿井顶部塌陷而引起的地震称为塌陷地震。这类地震的规模比较小，次数也很少，即使有也往往发生在溶洞密布的石灰岩地区或进行大规模地下开采的矿区。

跑到空旷的地方

将门打开

乘坐电梯

走安全通道

找三角形空间躲避

跳楼

灭火和断电

保护头部

靠近玻璃门窗

遇到地震的应对方式

4.**诱发地震**。由于水库蓄水、油田注水等活动而引发的地震称为诱发地震。这类地震仅在某些特定的水库库区或油田地区发生。

5.**人工地震**。地下核爆炸、炸药爆破等人为活动引起的地面振动称为人工地震。

小测验

地震的产生有很多原因，最主要的是 __C__ 运动。

A.地核　　B.地幔　　C.板块（地壳）

27

沙尘暴是怎么形成的

　　沙尘暴是沙暴和尘暴的总称，指强风把地面大量沙尘物质吹起并卷入空中，使空气特别混浊，水平能见度小于 1000 米的严重风沙天气现象。

　　沙尘暴的形成需要三个条件：一是地面上的沙尘物质；二是大风；三是不稳定的空气状态。沙尘暴天气主要发生在冬春季节，这是由于冬春季干旱区降水很少，地表异常干燥松散，抗风蚀能力很弱，在有大风刮过时，就会将大量沙尘卷入空中，形成沙尘暴天气。

小 测 验

1. 沙尘暴是一种风与沙相互作用的灾害性天气现象。气象学上，有利于产生大风或强风的天气形势，有利的 ___A___ 分布和有利的空气不稳定条件是沙尘暴或强沙尘暴形成的主要原因。

A. 沙、尘源 　　　　　　　B. 地势

2. 人口膨胀导致的 ___B___ 是造成沙尘暴频发的"元凶"。

A. 大规模开垦土地

B. 过度开发自然资源、过量砍伐森林、过度开垦土地

"十面霾伏"的危害究竟有多大

随着空气质量的恶化，阴霾天气现象增多，危害加重。我国不少地区把阴霾天气现象并入雾，一起作为灾害性天气预警预报，统称为雾霾天气。

$PM_{2.5}$，又叫作细颗粒物、细粒、细颗粒，指空气中空气动力学当量直径小于等于2.5微米的颗粒物。它能较长时间地悬浮于空气中，在空气

雾和霾的区别

雾	霾
悬浮在空气中的微小水滴或冰晶组成的气溶胶系统	悬浮在空气中的灰尘、硫酸、硝酸、碳氢化合物等粒子组成的气溶胶系统
呈乳白色或灰白色	呈黄色或橙灰色
厚度只有几十米至200米，边界很清晰	厚度1～3千米，与周围环境边界不明显
在空气相对湿度大于90%时出现	在空气相对湿度小于80%时出现
近地面空气中的水蒸气含量充沛、地面气温低	空气中悬浮颗粒物增加、水平方向静风现象增多、垂直方向出现逆温
含有20多种有害物质，但相对温和	含数百种大气化学颗粒物质（PM_{10}、$PM_{2.5}$）

雾是悬浮在空气中的微小水滴或冰晶组成的气溶胶系统。

霾中含有灰尘、硫酸、硝酸、碳氢化合物等。

PM_{2.5}，又叫作细颗粒物，粒径小，面积大，活性强，易附带有毒、有害物质。

地球与环境

中含量越高，代表空气污染越严重。虽然 $PM_{2.5}$ 只是地球大气成分中含量很少的组分，但与较粗的大气颗粒物相比，$PM_{2.5}$ 粒径小，面积大，活性强，易附带有毒、有害物质（如重金属、微生物等），且在大气中的停留时间长、输送距离远，因而对人体健康和大气环境质量的影响更大。

小测验

1. 雾是由大量悬浮在近地面空气中的 ___A___ 组成的气溶胶系统，是近地面层空气中水汽凝结的产物；霾则是由空气中的灰尘、硫酸、硝酸、碳氢化合物等粒子组成的。

A. 微小水滴或冰晶　　　　B. 烟尘

2. 雾霾是一种大气污染，是对大气中各种悬浮颗粒物含量超标的概括表述。雾霾的主要组成是二氧化硫、氮氧化物和 ___A___，前两者为气态污染物，后者才是造成雾霾天气的主要"元凶"。

A. 可吸入颗粒物　　　　B. 灰尘

29

"白色污染"指的是什么

难降解的塑料垃圾污染环境，被称为白色污染。

白色污染指破损残留的农用薄膜、塑料包装袋没有被及时收集清理，残留于耕地中或四处飘散导致的污染现象，是人们对难降解的塑料垃圾污染环境现象的一种形象称谓。这些塑料多为聚苯乙烯、聚丙烯、聚氯乙烯等高分子化合物，难以自然降解。白色污染严重影响土壤生态质量，甚至导致牲畜误食引发死亡，危害很大。

白色垃圾，多为聚苯乙烯、聚丙烯、聚氯乙烯等高分子化合物，难以自然降解，影响土壤生态质量，危害很大。

白色污染

小测验

下面哪种物品不是白色污染？ ___C___

A. 塑料袋　　B. 一次性塑料发泡饭盒

C. 玻璃杯

30 为什么必须节约利用淡水资源

污水

　　地球上的水资源，从广义上来说指水圈内水量的总体，包括经人类控制并直接可供灌溉、发电、给水、航运、养殖等用途的地表水和地下水，以及江河、湖泊、井、泉、潮汐、港湾和养殖水域等；从狭义上来说指在一定经济技术条件下，人类可以直接利用的淡水。目前全世界的淡水资源仅占总水量的 2.5%，其中 70% 以上被冻结在南极和北极的冰盖中，加上难以利用的高山冰川和永冻积雪，有 86% 的淡水资源难以利用。人类真正能够利用的淡水资源是江河湖泊和地下水中的一部分，仅占地球总水量的 0.007%。

　　水资源危机指在自然灾害和社会与经济异常或突发事件发生时，对正常的水供给或水灾害防御秩序造成威胁的一种情形。造成水资源危机的主观原因主要有：人类对水的需求与日俱增，人为浪费以及人们对水资源的污染。比如，由于松

冲厕所

污水处理厂

浇花

洗车

污水的再利用

花江污染导致哈尔滨市停止供水 4 天，太湖蓝藻大量繁殖导致无锡市自来水水质变化等。水资源危机将成为 21 世纪人类面临的严峻的现实问题之一。

小 测 验

　　污水经处理后达到规定水质标准、可在一定范围内重复使用的非饮用水，水质介于自来水与排水管道内污水之间，故名为 __B__ 。

　　A. 下水　　　B. 中水　　　C. 上水

31

有一天我们真的会需要诺亚方舟吗

许多关于世界末日的预言不时牵动人们的敏感神经，地球上频繁上演的自然灾害不禁让人产生疑问：世界末日真的会到来吗？《圣经》和《古兰经》中都记载有诺亚方舟的故事：为了帮助人类躲过大洪水，诺亚建造了一艘大船，让各种飞禽走兽躲到船上。是不是有一天，我们也会需要诺亚方舟？

为了回答这一问题，我们首先要了解可能会导致世界末日的自然灾害产生的原因。自然灾害包括干旱、洪涝、台风、冰雹等气象灾害，火山、地震、泥石流等地质灾害，风暴潮、海啸等海洋灾害……全球每年发生的自然灾害不计其数，数万人被夺走宝贵的生命。

为了与大自然和谐相处，人类一直孜孜不倦地探索自然灾害的科学规律。人类证实地球是由漂浮的岩石圈板块构成的，在万有引力的作用下，不同板块之间的挤压碰撞会释放巨大能量，从而引发地震。科学家发现，随着二氧化碳排放增多，温室效应增强，厄尔尼诺现象频繁发生，干旱及水灾也越来越严重。

为了避免或减轻自然灾害带来的人身、财产损失，人类构建了精密的监测预警与应急处置网。搭载在卫星上的观测仪器，能定期观测大气、云和地表等变化；国家预警中心每天定时发布台风、暴雨等各类灾害性天气的预报；在容易发生地质灾害的山坡、沟谷，安装监测地质体变形破坏的预警仪器；通过科普教育，增强人们的防灾减灾意识和技能。

据推测，地球已存在了 46 亿年。科学家认为，若任凭地球自由自在地运转，它还会存在很久很久。在浩瀚的宇宙长河里，地球是最适宜人类居住的星球，这里才是我们需要共同努力建设的"诺亚方舟"。

32

地球生态系统可以重启吗

在宇宙中遥望地球，呈现在我们眼前的是一个巨大的蔚蓝色星体：蓝色的海洋、土黄色的陆地以及蜿蜒其上的连绵不断的青山。地球为人类的生存提供水、大气、矿产资源以及合适的温度等条件，是目前为止最适合人类生存的星球，承载着亿万生命体。

近几个世纪以来，人类活动的范围和程度不断加大，对地球资源的消耗迅速增加，同时造成的大气污染、水体污染、植被破坏、土壤污染和沙漠化等环境问题日益凸显，使地球"伤痕累累"。接连不断的环境问题的出现使民众逐渐意识到，为了

沙漠

人类的生存，我们必须努力使地球成为一个可持续发展的星球。于是，人们拿起科技的武器——地球生态修复技术，开始了拯救地球的大工程。

希望我能快点儿好起来。

地球生态修复指运用科技手段使原来受到干扰或者损害的生态系统得以恢复，从而能被人类持续利用。目前我国地球生态修复技术包括地质灾害防治技术、污水处理技术、植物修复技术、废气处理技术、土地修复技术等五个方面，这些技术的应用对地球环境的改善起到了一定的作用。

但是，在地球生态系统没有被破坏之前就对其加以保护，成本相对较低，而对已被破坏，或者正处于被开发利用的生态系统实施生态修复，则成本较高，因为这一过程将涉及生态重建、就业安置等生态、经济和社会问题，并且目前生态修复的技术尚未成熟。因此，从源头上减少对地球生态系统的破坏，才是地球可持续发展的长久之计。

地球是我们的家园，保护地球，是我们每一个人的责任！

33

低碳生活该怎么过

二氧化碳等温室气体的排放，会引发全球气温升高、气候发生变化，导致海平面升高、气候异常等，直接危及人类目前的生存环境。

低碳生活，指生活中尽量采取节约能源和资源的方式方法，从而减少温室气体的排放量，缓解全球变暖的趋势。养成良好的低碳生活习惯，要从改变生活小细节做起。

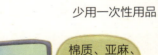

少用一次性用品

购物须理性

棉质、亚麻、丝绸……

购物须理性，巧用废旧用品，提倡循环利用，少用塑料袋和一次性用品。尽量步行或骑自行车，或使用清洁能源交通工具，绿色出行，

茶叶渣

巧用废旧用品

健康环保。使用气化炉和节能灶，提高能源利用率；使用节能灯，明亮又省电。养成好习惯，随手关开关、拔插头；空调设定温度保持在 26℃ 以上；冰箱内存放物品的量以占容积的 80% 为宜，放得过多或过少都费电。

发展生态种植、养殖

提倡循环利用

出行少开车

传统方式要改变

养成随手切断电源等好习惯

少用塑料袋

养成低碳生活习惯

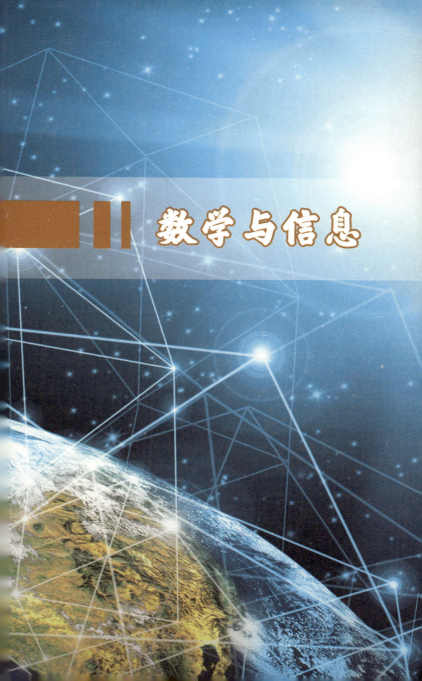

数学与信息

34 为什么说"自然之书是用数学语言写成的"

挪威云杉的球果

电影《达·芬奇密码》中，博物馆馆长在临死前留下一串密码，最后由他的孙女解开。这串密码，其实就是打乱了的斐波那契数列。0，1，1，2，3，5，8，13，21，…，斐波那契数列的规律是从第三个数开始，每一个数都等于前两个数的和。这串数列看上去简单，其实却蕴藏着自然界的秘密。科学家发现，一些植物的花瓣、萼片、果实的数目以及排列的方式，都非常符合斐波那契数列，例如挪威云杉的球果和向日葵的种子。

植物当然不懂得什么数列，它们只是按照自然规律才进化成这样，因为这样的排列方式能使所有种子疏密得当，均匀地接受日照和雨水，从而大小一致。这正是大自然的奇妙之处。

说到大自然中的数学，便不能不提各种

鹦鹉螺和对数螺线

精致巧妙的螺线。如鹦鹉螺的形状非常接近于一种曲线——对数螺线。对数螺线在自然界中广泛存在，小到花朵、海螺，大到台风、星云，几乎无处不在。对数螺线神秘优美，令人着迷，以至于最早把它弄清楚的数学家伯努利将它刻在了自己的墓碑上。

数学就像一个鬼马精灵，总是出其不意地令人惊奇，却又在大自然中如此谦逊，扮演着最不起眼的角色，维护着天地万物的自然循环。这就是为什么意大利科学家伽利略会由衷感叹："自然之书是用数学语言写成的！"

数学是自然界通用的语言，也是人类认识、改变世界和自我的工具。泰勒斯、欧几里得、祖冲之等数学家以数学为镜，观察万事万物；张衡、伽利略、笛卡尔等则以数学为武器，动摇了"上帝""神仙"的统治地位；现代数学家更是将数学的作用发挥至极致，让它如同空气般，渗透进我们的日常生活。

向日葵的种子按照斐波那契数列排列

35

黄金分割和日常生活有什么关系

当我们走进博物馆，欣赏着那里收藏和展出的艺术作品时，却不知道很多经典作品的背后都隐藏着一些数学知识。

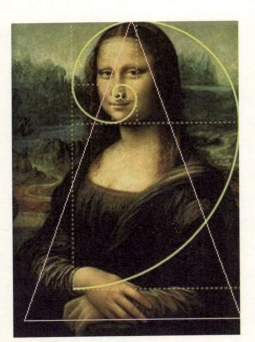

达·芬奇名画《蒙娜丽莎》

看看经过测量分析的达·芬奇的名画《蒙娜丽莎》，你会发现一个熟悉的比值。对，那就是黄金分割！以蒙娜丽莎的下颌作为分界线，将人物的整体分为两部分，较大部分与整体部分的比值等于较小部分与较大部分的比值。这个比例被公认为是最具美感的比例，因此被称为黄金分割。

2500 年前，古希腊数学家毕达哥拉斯路过一个铁匠铺，听见打铁的声音非常悦耳。驻足细听，他发现这种悦耳的声音来自 3 位铁匠轮流敲打的铁锤，不同长度的铁锤分别发出不同的音调，用数学的方式进行表达的话，这种声音节奏的比例恰恰就是 0.618。后来，希腊艺术家创作维纳斯雕像时，专门延长了女神的双腿，让腿长与身高的比值也达到 0.618，使得整个雕像造型更加优美。

因为具有这些特殊的美学价值，黄金分割被广泛应用在各种设计中。比如，紫禁城的"前三殿"建筑群，长宽之比与 0.618 十分接近。从大明门到景山的距离，与大明门到太和殿庭院中心的距离，比值竟然也与 0.618 相差无几。再比如，我们通常使用的数码相机，从液晶显示屏到相机整体造型的长宽比例，都体现了黄金分割规律。就连我们在电影院里看 3D 电影，也最好选择黄金分割点的座位，这样不仅视觉效果最好，听到的声音也最清楚。

36

为什么不能靠买彩票发家致富

如果我们反复投掷硬币，到底是正面朝上还是反面朝上的次数更多？科学家可以马上回答说，投掷的次数越多，出现正面和反面的次数就越接近，甚至可以用一连串的公式进行证明。但是，具体到下一次投掷硬币的结果，那可是什么公式都没有，并不会因为连续出现了 9 次正面朝上，就可以断定第 10 次会变成反面。决定这一

切的，便是数学中的概率。

在同样的条件下，有些事情是一定发生的，比如水加热到一定温度就会沸腾，这是必然现象。有些事情则存在偶然性，就像投掷硬币不能确定哪一面朝上一样，这是随机现象。因为充满不确定性，所以人们试图用概率统计的方法，来探索随机现象发生的规律。很多彩票购买者相信，由同一部机器摇出的中奖号码，应当具有一定的规律性，可以通过压缩号码范围提高中奖概率。其实，具体到每一次摇奖，号码出现的概率都是相同的，不会因为刚刚出现过就不再出现，也不会因为很久没有出现就蜂拥而出。

如果掌握了更多的概率知识，人们便会发现通过买彩票发家致富的可能性极小。比如，双色球彩票在 1 ～ 33 红色球和 1 ～ 16 蓝色球中随机摇选数字，由 6 个红球号码和 1 个蓝球号码构成中奖号码，中得头奖的概率仅仅是 1/1772 万。这个概率到底有多小？不妨还是用硬币来做个例子。一个人连续投掷 10 次硬币，始终正面朝上的概率是 1/1024，竟然要比双色球中头彩的机会大出 1 万多倍。所以，真想靠买彩票暴富的人，不妨先去投掷 10 次硬币试试看。

在超市购物，快速比较 8 个结账通道队伍的长短后，选择了一条看起来最快的队伍。结果，那些更晚来的顾客都结完账了，我们还在排队。为什么我们老是判断不准哪一条队伍更快？为什么我们的运气老是比别人差很多？其实，这样纠结真的没有必要，和我们作对的不是智商和运气，而是数学。8 条队伍孰快孰慢，不过是随机出现的结果，每一条队伍结账速度最快的概率都是 12.5%，别的队伍比我们的速度快，显然是一个大概率事件。

在生活中存在着大量的排队现象，超市结账是能够被看得见的排队，电话占线则是看不见的

排队。19 世纪初期，为了研究哥本哈根的电话总机到底需要多少条线路，科学家开始通过特殊的数学方程式，精确研究电话数量、通话次数和通话时长三者之间的关系，结果发现至少需要 7 条线路，才能确保全部电话都有 99% 的可能性被马上接通。由此开始，数学领域产生了一个新的分支，也就是我们今天所说的排队论。依据这一理论，人们可以从等待服务情况的海量数据中，分析出最接近真实状态的规律，进而对整个服务系统进行改进，提高效率和效益。

　　再回到超市排队的问题上，如果想让顾客都觉得自己是最快结账的人，不妨让所有结账者排成一条长队，排在最前面的人直接去刚刚空出的收银台。当然，超市也可以优先处理那些不大需要花时间的结账者，从而降低每位顾客的平均等待时间，让大家感觉舒适一点。

计算机为什么只需要认识0和1

　　人类最早是采用结绳的方式来计数的，每计一个数就打一个绳结。不过，随着需要计的数越来越多，到了成百上千的量级，用打绳结的办法就忙不过来了。于是，人类就根据生活观察的经验，发明了新的计数规则。比如，每有 10 个小石子的时候，就用 1 个大石子来表示，这种"逢十进一"就是十进制。当然，古代的进制也不止一种，从八进制、十二进制到六十进制都有。因为人的手指恰好是 10 个，平时用到手的地方最多，所以我们现在普遍采用的还是十进制。

　　不过，即便发明了进制，用绳结和石子计数也太落后了。1642 年，数学家帕斯卡发明了第一台机械计算机，操作特别复杂，只能进行加减法计算。200 年后，手摇计算器出现了，操作简单，还可以进行乘除运算。到 1946 年，人类第一次制造出电子计算机，它由 17468 个电子管和 6 万个电阻器组成，重达 30 吨，每秒钟能够完成 5000

次运算。

到了电子计算机这里，十进制行不通了。电脑没有 10 个手指头，只有海量的晶体管。电脉冲每次"流过"晶体管，出现的只有"通"和"不通"两种状态。由于电脉冲次数可以达到每秒钟几百万甚至更高量级，晶体管的不同状态就如同算盘上的算珠，可以按照编好的程序计算运行。既然只有两种状态，计算机也就采用了二进制，只需要认识 0 和 1 即可，进位时"逢二进一"，借位时"借一当二"，非常简单方便，不仅可以用电子方式实现，而且很容易进行逻辑运算，提高了计算机的稳定性和可靠性。

39 大数据究竟有些什么用途

　　大数据听起来很抽象，实际上与我们的生活息息相关。我们每天上网、玩儿游戏、用手机、去超市、住宾馆、买车票、看医生等行为，都会在网络上留下印迹，把每个人的浏览记录、搜索

大数据可以帮人们选择和判断信息。

大数据是人们用来描述和定义信息爆炸时代产生的海量数据，并命名与之相关的技术发展与创新的。

大数据的定义

记录、社交关系、购物清单、阅读书目、旅游经历、医疗记录等汇总起来，就构成了日常生活中的大数据。例如，淘宝网 1 分钟处理 9 万个订货单据，新浪微博高峰期 1 秒钟接受 100 万次请求，百度每天要处理 60 亿次搜索，这些都是大数据的具体表现和实际应用。

大数据，是人们用来描述和定义信息爆炸时代产生的海量数据，并命名与之相关的技术发展与创新的。为什么叫大数据？因为数据规模非常庞大，庞大到令人难以想象。大数据的一个起始计量单位是 ZB（十万亿亿字节），1ZB 是什么概念？就如同全世界海滩上的沙子数量的总和。

世界正在进入大数据时代。利用大数据，可以帮助预测机票价格走势，为旅游者省钱；预测交通拥堵情况，帮助人们选择更好的时段和路线，节省出行时间；提供更准确的书单，帮助读者发现更多好书；判断出流感疫情的现状，提前为疫情做好防范准备等。最有趣的一件事是，美国一家超市根据一个女孩的购物记录，准确推断出这个女孩怀孕了，并向她推销有关婴儿用品，而此时女孩的父亲还不知道自己的女儿已经怀孕了。

40

可穿戴设备会取代智能手机和电脑吗

戴上智能手环，你就可以知道自己的锻炼、睡眠和饮食情况，甚至出门都不用带公交卡，直接刷手环就可以，是不是很酷？

智能手环是可穿戴设备的一种。可穿戴设备即直接穿在身上，或是整合到用户的衣服或配件上的便携式设备。主流的产品形态包括以手腕为支撑的watch类（包括手表和腕带等产品），以脚为支撑的shoes类（包括鞋、袜子或者将来的其他腿上佩戴产品），以头部为支撑的glass类（包括眼镜、头盔、头带等），以及智能服装、书包、拐杖、配饰等。可穿戴设备不仅是一种硬件设备，它还可通过软件支持以及数据交互、云端交互来实现强大的功能，如定位、通话、对运动或健康状态的实时监测，甚至执行支付功能。

目前智能可穿戴设备还处在发展的初级阶段。未来可穿戴设备的主要创新路径是时尚型和功能型。时尚即注重外观设计，功能即满足使用者的特定需求，如在运动、健康、安全等领域发挥作用。

智能眼镜
智能眼镜可以帮你拍照或者录像，并能立刻分享到互联网。整个操作过程只需要手指轻点或者通过语音口令控制

可以打电话的手套
喇叭在大拇指上，话筒在小指上。就这么简单

健康监测绷带
可以绑在手臂上，同时检查心率和胆固醇含量

智能手表
能同步手机中的电话、短信、邮件、照片、音乐等

腕带
热量监测腕带，可以使你的健身计划更有效率

可随时变化的服装
这种衣服可以随时发光、变色、显示广告，甚至变成透明的

能联网的装饰品
珠宝、皮带、手镯等，都可以联网，实时监测你的卡路里摄入量，并且将数据发送到云端

高科技织物
比如长袜，可以将你体表的蒸汽转化成热量

从头到脚的智能可穿戴设备

41

智慧城市
智慧在哪里

　　在家就能知道公交车还有几站到站，知道楼下的哪盏路灯坏了，知道城市的治安情况……这些在 10 年前我们想都想不到的事情，现在都可以通过智慧城市来实现。

　　智慧城市运用物联网、云计算、大数据、空间地理信息等新一代信息技术，感测、分析、整

智能建筑

智能能源

智能水表及检漏

联网汽车公共交通公共安全

数字标志

联网街道照明

垃圾管理

交通信号灯及停车管理

智慧城市

合城市运行核心系统的各项关键信息，对包括民生、环保、公共安全、城市服务、工商业活动在内的各种需求做出智能响应，提高物与物、物与人、人与人的互联互通、全面感知和利用信息的能力。

世界上第一座智慧城市诞生在美国的中西部，它就是迪比克城。它利用物联网技术，在一个拥有6万居民的社区里将各种城市公共资源（水、电、油、气、交通、公共服务等）连接起来，对各种数据进行监测、分析和整合，并做出智能化的响应，从而提高政府管理和服务的能力，降低城市的能耗和成本，使其更适合市民居住和商业发展。

可以预见，在不久的将来，一座座绿色、便捷的智慧城市将展现在我们面前。有序的交通、绿色的楼宇、良好的水处理技术、智能化的供电系统、智能家居等都将成为现实，使我们的生活更便捷、舒适。

42 网络和电子产品让我们更孤独吗

　　网络和电子技术的飞速发展改变了我们的生活方式，手机、平板电脑等电子产品早就司空见惯，成为我们不可或缺的工具。除了打电话、发信息，大家还会用手机来看小说、玩儿游戏、参与网络社交。渐渐地，屏幕上闪动的头像取代了面对面的交流，即时更新的信息编织了一张无形的网，好像几分钟不刷微博、聊微信，就觉得浑身不对劲，更有人戏称"Wi-Fi是人类进步的阶梯"。

　　然而，正是这张看似便利、热闹的网，困住

了我们原本自由舒展的思维。想想看，上一次仔细聆听夏日蝉鸣是什么时候？上一次和好友散步谈心又是什么时候？当我们所拥有的只是那冰冷坚硬的屏幕时，又怎么可能不被深深的孤独感包围呢？不要忘了，手机和电脑的功能再全面，信息再丰富，也只是我们的工具，不是我们的主人。我们真正需要的朋友，是和我们自己一样的，会想象、能表达、有自由心灵的人。

互联网带给我们的便利无可厚非，我们甚至应该感谢它刷新了一个与众不同的时代，但真正生活在此刻、创造着未来的，是人，是你是我，是我们的心灵和精神。

43

万物互联真的
能互联万物吗

　　物联网指通过射频识别、红外感应器、全球定位系统和激光扫描器等信息传感设备，按约定的协议，把任何物品与互联网联接起来，进行信息的交换和通信的网络。而万物互联则可以将我们生活中几乎所有的物品，如手机、电脑、空调、冰箱、洗衣机，甚至包括内置身体的传感器联系起来，实现人机互动。

　　那么，万物互联可以给我们的生活带来哪些改变呢？

　　智能家居让我们的生活变得更加舒适、悠闲，比尔·盖茨的"未来之屋"就是如此：主人在回家途中，浴缸已经开始自动放水调温；当有客人到来时，只要将一个别针别在客人的衣服上，别针就会自动向房内的计算机控制中心传达客人最喜欢的室温、对电视节目的喜好等信息。

　　智能设备为我们带来了安全和便利。只要让老人或儿童携带装有水平传感器、RFID 识别感

智能家居示意图

测器、无线通信装置的智能手杖或智能手表，就可以确定老人或儿童的位置及其是否出现跌倒等突发状况。

此外，智能交通、智慧城市、智能消防等也都以物联网为基础。在未来，人、花草、机器、手机、交通工具、家居用品等，几乎世界上的所有东西都会被联接在一起，超越了空间和时间的限制。物联网通过物品与人之间的互动，将帮助我们构建"大生态系统"，最终实现万物互联。

物质与能量

44

世界上的物质是由什么构成的

从大地河流到食物棉布，从煤炭钢铁到纤维塑料，我们所处的世界是由物质组成的，人体本身也是如此。固体物质和液体物质，看得见又摸得着，认识起来不费周折，气体物质则麻烦一些。古代的哲学家观察到，风能够将小树吹弯枝干，烧开的水中会冒出气泡，由此揣测存在着空气这种物质。不过，人类直到 17 世纪才证明，空气和固体、液体一样具有重量。

物质的形态多种多样，它的构成却"万变不离其宗"，都离不开原子。原子是化学反应不可

夸克
上 粲 顶
下 奇 底

反夸克
上 粲 顶
下 奇 底

? 未知　时间
10^{-18} 米　夸克　2000 年
10^{-15} 米　核子
10^{-14} 米　原子核
10^{-10} 米　原子　1910 年

微观粒子层次

再分的基本微粒，不同的排列形式产生了不同的物质。人类在未来的科技世界里，将煤炭中的原子重新排列，也许就能得到钻石；向沙子中加入一些微量元素，并将原子重新排列，也许就能制成电脑芯片。土壤、水和空气的原子重新排列后，也许就能生产出马铃薯。

然而，所有这些变化光靠原子也不行，因为分子才是能够在物质中独立存在，并且保持物质一切化学特性的最小微粒。分子有大有小，小的分子只有很少几个原子，大的分子则由几万个原子组成。在通常的情况下，原子先构成分子，再由分子构成物质。但是，有些物质也可以由原子直接构成，比如金刚石、石墨、晶体硅、石英和金刚砂等。至于原子的构成，则是由位于原子中心的原子核和更微小的电子组成的，这些电子绕着原子核的中心运动，就像太阳系的行星绕着太阳运行一样，只是我们靠肉眼根本无法看到罢了。

45 真的造不出永动机吗

根据达·芬奇的手稿
复原的永动机模型

　　长久以来，许多人都曾尝试过制造一台不需要借助外力或吸取外部能量就能不停运转的永动机，以应对能源不足的问题。

　　永动机的想法起源于印度，1200 年前后传入伊斯兰世界，13 世纪法国人设计了所谓的"永动机模型"，后来又出现过无数个永动机设计方案，并引起了诸多著名科学家的研究兴趣，包括达·芬奇和特斯拉等人，但最终结果都是一样的——失败！

　　从 1775 年开始，法国科学院就已不再受理任何永动机的专利申请。1917 年，美国更是明令禁止颁发此类专利，因为永动机本身就是违反基本自然规律的。

　　有的永动机号称"不消耗任何能量而持续地

想象中的磁铁永动机

对外做功"，这违反了能量守恒定律，因为能量无法凭空产生也不会凭空消失，而持续做功必然会产生热能，从而必须不断补充能量。

有的永动机号称可以"在没有温差的情况下从自然界中不断吸取热量而使之持续地转变为机械能"，这违背了热力学第二定律——机械能可以100%转化为内能，但内能却不可能完全转化为机械能，而不引起其他任何变化。

英国科学家焦耳花了近20年的时间做实验，证明了违反客观科学规律的永动机是不可能造出来的。遵守自然界的基本规律，才是人类的生存之道。

牛顿摆（永动球）

46 纳米技术在日常生活中有什么用处

　　纳米和国际单位制中的米一样，都是长度计量单位之一，1纳米等于 10^{-9} 米。一根头发丝的直径大概是6万~10万纳米，如果一个汉字的写入尺寸为10纳米，那么在一根头发丝的横截面上就可写入8000个字！

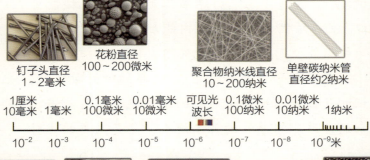

钉子头直径
1~2毫米

花粉直径
100~200微米

聚合物纳米线直径
10~200纳米

单壁碳纳米管
直径约2纳米

1厘米 10毫米	1毫米	0.1毫米 100微米	0.01毫米 10微米	可见光波长	0.1微米 100纳米	0.01微米 10纳米	1纳米
10^{-2}	10^{-3}	10^{-4}	10^{-5}	10^{-6}	10^{-7}	10^{-8}	10^{-9}米

蚂蚁身长
约5毫米

尘螨身长
200微米

红细胞、白细胞
直径2~5微米

DNA直径
0.5~2纳米

5个硅原子
直径1纳米

常见微小物体与纳米尺度物体的对比

整そ

＊＊＊

纳米的"小"带来的不仅是无限的空间，同时也带来了奇特的性能。如金块的熔点是1064℃，而直径2纳米的金纳米颗粒不到327℃就可以熔化；陶瓷脆弱易碎，而纳米级的陶瓷却具有很好的韧性和延展性；原本具有良好导电性的银，在粒径小于20纳米时却变成了绝缘体……随着纳米研究的不断深入，一种具有划时代意义的科学技术——纳米科技诞生了。

纳米科技为现代工业带来巨大变革。超高速运行的处理器和超大容量的存储器是纳米技术在电子信息产业中应用的结果，采用碳纳米管和石墨烯制成的晶体管，具有高效率低能耗的特点。纳米滤膜、纳米杀菌粒子、纳米自清洁材料等已经在环保和日用品行业得到应用。美国科学家研发的预防感冒的服装布料里添加了一种纳米微粒，能够侦测并且"抓住"飘浮在空气中的病毒和细菌。基因疗法和分子级纳米药物载体等纳米技术，为生物医药产业开拓了广阔前景。纳米材料太阳能电池大幅提高了可再生能源的采收效率。此外，纳米技术还具有微型化、高效化等特点，能大大减少能源的消耗，降低环境污染，为解决人类目前面临的日益严峻的环境、人口、健康等问题带来新希望。

47

隐形人能从传说走向现实吗

　　一直以来，隐身衣只存在于神话传说、科幻小说或电子游戏中，并未成为现实。不过目前世界上各国的科学家都在致力于研究现实中的隐身衣，并已经取得了一定的进展，制造隐身衣似乎不再是梦想了。

　　其实，人之所以能看到物体，是因为物体阻挡了光波的通过。如果想让某个小球隐形，可在小球的四周覆盖一层以同心圆形状排列的超材料，这种材料能挡住传来的一切光波，并且不发生反射或吸收现象。被挡开的波在物体的另一边再次汇合后继续沿直线传播。在观察者看来，物体就似乎变得"不存在"了，也就实现了视觉隐

同心圆形状排列的超材料隐身物体原理图

涂覆超材料的绿色小球在镜子中不反射光线

身。简而言之，隐身衣使用的超材料，可以让雷达波、光线或者其他的波绕过物体而不会被反射，进而达到不可视的效果。

英国科学家制备出一种可以弯曲和引导光线，使物体在较长的波长下隐形的超材料"薄膜"，将这种薄膜结构黏合制成柔韧且有弹性的"智能布料"，便能实现隐形斗篷的基本功能。研究人员将这种薄膜涂覆在绿色小球的表面，小球便不能反射光，导致它在镜子中无法被观察到。

隐身衣将被首先应用于军事领域，提高作战的隐蔽性和安全性。但如果任何人都可以隐形，也会引发社会问题。科技是一把双刃剑，我们不能因噎废食，同时也需要充分预测科技所带来的负面影响并加以规避。

48

心情戒指真的
能感知心情吗

　　有一种"心情戒指"，戴在手上时能随着人情绪的波动时而变成红色，时而变成蓝色，看起来十分神奇。难道心情戒指真的能读懂我们的心思，感知我们的心情？

　　其实，所谓的"心情戒指"是根据体温的变化来改变颜色的。心情戒指的戒面由液晶或稀土等热敏变色材料制成，当温度改变时，液晶材料的分子排列方式或稀土材料中的能量传递效率也会随之改变，最终导致材料颜色的改变。在整个变化过程中，材料分子本身并没有发生改变，这是一个**物理变化**过程。

　　而我们心情的变化却是一个复杂的**化学变化**过程。从生理学和心理学角度来看，心情的变化需要激素来调节，比如苯基乙胺、多巴胺、肾上腺素等。这些激素中有的会使心跳加速，有的会传递亢奋和欢愉信息。

　　情绪和体温之间存在一定的联系，当我们出

现兴奋、紧张、发怒、悲伤的情绪时体温会有变化，比如兴奋的情绪会使体温上升，而悲伤的情绪会使体温下降。变色心情戒指正是基于此道理设计的。

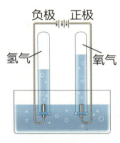

电解水

　　以我们最熟悉的水为例：冰、水和水蒸气可以相互转化，在转化过程中，水分子没有被破坏，这就是物理变化。一旦把水分子破坏（例如电解水），产生了新的物质——氢气和氧气，就是化学变化。

水的三态

49

在家也能挖矿山吗

提起矿山，大家首先想到的一定是在野外开采的煤矿、铜矿、金矿等。有一种在家里就能开采的矿山，你听说过吗？让我们先从我们的邻国日本讲起。

日本是个天然矿产资源极度匮乏的国家，但现在，日本仅黄金的社会储量就有6800吨，相当于全球黄金埋藏量的16%，比世界上最大的黄金出产国南非的天然金矿储量还多。此外，日本的银储量达6万吨，相当于全球银埋藏量的22%。日本是怎样从矿产小国一跃而成为矿产大国的呢？秘密就在于日本政府推进的"城市矿山"开发项目。日本居民对家中淘汰的电视、冰箱、洗衣机、空调、电脑、手机等电器不是草率丢弃，而是按照严格的回收程序进行分类处理和回收。

这些电器中富含的金、银、锂、钛等稀贵金属被提炼出来后，不断充实着日本的矿产储量。

我们一直以自己国家的"地大物博"而自豪，但再丰富的资源储量也是有限的，随着资源耗用量的不断增加，我们国家的矿产资源已日渐匮乏。

有一种说法很形象：全球80%的矿产资源已经从地下转移到地上，它们以电子废弃物等"垃圾"的形态堆积在我们周围，但我们可千万不能真把它们当作"废物"。"废物不废，是放错地方的宝贝"，快在你的家里找一找，把那些"沉睡"的废旧电器唤醒，让它们重新变身为宝贵的矿产资源吧！

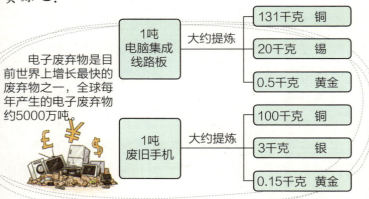

电子废弃物是目前世界上增长最快的废弃物之一，全球每年产生的电子废弃物约5000万吨。

1吨电脑集成线路板 —— 大约提炼

131千克 铜
20千克 锡
0.5千克 黄金

1吨废旧手机 —— 大约提炼

100千克 铜
3千克 银
0.15千克 黄金

废物不废

105

50

人类能否穿越时空

　　在牛顿的经典物理中，时间是绝对流动的，人们并没有对人类是否可以穿越回到过去产生疑问，认为这是绝对不可能的。

　　到了 20 世纪初，爱因斯坦创立了狭义相对论和广义相对论。在狭义相对论中，时间和空间不再是绝对的，在不同的参照系中，时间和空间都会不一样。一个经典的例子是，如果一个人乘坐以接近光速运动的飞船旅行一圈再回来，他所携带的时钟与当地的时钟做比较，就会变慢了一些。在广义相对论中，时间和空间会受到能量的扭曲，这样，在不同的空间点，相同的时钟走的速度也会不一样。一个极端的例子是黑洞，在黑洞边缘（视界），时钟走得非常慢。比方说，如果一个航天员到黑洞边缘走一圈再回到原处，他所携带的时钟和当地的

时钟相比可能就变慢了很多。

那么是否存在一种情况，一个人顺着某个轨迹（虫洞）运动再回到原来的空间点，就能够回到过去？或者根据狭义相对论，一个物体能够以超出光速的速度旅行，时间也能倒回？物理学家研究发现，要实现以上两种情况的时空穿梭需要负能量，负能量是制造时光机的一个重要条件。到目前为止，人们还没有发现产生负能量的手段，因此，时光机还不存在。总的来说，虽然我们还不能完全排除制造时光机的可能性，但是目前的物理学并不支持这种可能性。

工程与技术

51

物联网是怎样把世界联系起来的

公文包会提醒主人忘带了什么东西，衣服会提醒洗衣机对颜色和水温的要求；装载超重时，运货汽车会自动提醒超载重量，提出轻货重货搭配，充分利用剩余空间的方案；搬运人员野蛮卸货时，货物包装箱就会大叫一声"你扔疼我了"。2005 年，国际电信联盟就曾经描绘过诸如此类物联网时代的图景。如今，我们的生活离这样的目标已经越来越近了。

也许很多人对物联网的概念仍然感到陌生，其实随处可见的智能手机已经把人们带进了物联网。我们在驾车的时候，智能手机会将位置和车速数据发送出去，由网络服务商汇总生成实时路面交通信息，提供给更多的人查询。用一句简单的话来概括，物联网就是物物相联的互联网。它可以将用户端延展到任何物品与物品之间，通过各种信息传感装置与技术，实时采集物体的信息，实现物与物、物与人的联接。

物联网的出现，彻底颠覆了以计算机为终端的互联网时代。互联网用户浏览网站时，需要点击链接按钮才能跳转页面，物联网却能在用户不经意间完成信息的搜集，好像整个世界都充满了隐形的按钮。物联网技术实现人类社会与物理系统的整合，让生产和生活都达到最理想的智慧状态。

压力传感器　加速度传感器

湿度传感器　液位传感器　位移传感器　光敏传感器

红外线传感器　激光测距传感器　温度传感器

振动传感器　气压传感器　气敏传感器

无处不在的传感器

111

52

发达的人工智能可能是一个真正的危险吗

在 2004 年美国上映的电影《我，机器人》中，有一种 NS-5 型高级机器人装载了控制程序，但随着机器人运算能力的不断提高，它们学会了独立思考，并且自己解开了控制密码，从而成为一个完全独立的、能与人类并存的高智商机械群体，并且随时会转化成整个人类的机械公敌。在现实中，这种情况有可能发生吗？

让机器像人一样思考，是人们长久以来的梦想。与此相关的一门极富挑战性的科学，人们通常称之为人工智能。随着科技的发展，让机器也能够拥有意识、情绪这样的特质，已经不再是幻想。

关于机器人（非生物系统）是否能够拥有自主意识、与人类媲美乃至超越人类的智慧，一直有着很多激烈的争论，并且引发了一系列哲学上的探问。比如，我们有理由相信无机生命（机器）会发展出与有机体类似的生存和竞争意识

在餐厅服务的智能机器人

吗？有朝一日机器会不会自己设计、制造并操作不遵循人类准则的新型机器？人类的道德准则是否该应用于机器？这些话题不仅常常在科幻小说和科幻电影中出现，越来越多的学者也已经发表言论或者著书发出了警示。

　　人们有这样的担忧是有道理的。科技促使机器的智能化水平越来越高，但我们并不知道哪里是危险的边缘。至少在目前的认知水平上，人们对这一临界点还很难把握。而且，更重要的一点在于，我们再不能以看待过去的视野，去理解必将超越它的事物了。

53 3D 打印将如何改变我们的生活

用 3D 打印机打印心脏

在日常生活中，我们经常会用打印机打印文件和照片，如果有人让你用打印机帮他打印一个心脏，你会不会惊讶得瞠目结舌呢？其实，打印心脏现在已是触手可及的现实，而它的基础就是 3D 打印技术。

3D 打印技术最早是由美国发明家查尔斯·胡尔发明的，是一种快速成型技术。3D 打印机与普通打印机的工作原理基本上是相同的，区别在于打印材料。金属、陶瓷、塑料等不同的打印材料，可以在计算机的控制下，一层层地复制样本，然后再把这些样本层堆叠起来，最终呈现出一个立体的实物。

最初人们只是利用 3D 打印来制造一些简单的模型，后来在航空航天、建筑、工程、汽车、珠宝等领域，也开始利用这一技术进行小规模的产品或复杂零部件的制造。现在，小到玩具、巧克力、牙齿、汤匙、毛细血管，大到一幢完整的建筑，都能利用 3D 打印技术实现。

美国华盛顿国家儿童医学中心成功制造出全球第一颗 3D 打印的人工心脏。这颗心脏是用塑料打印出来的，上面的血管脉络清晰可见，而且还能像我们正常人的心脏一样怦怦跳动，真是不可思议！打印人类器官组织并不容易，医生首先要对病人做超声波扫描，然后将获得的数据输入计算机，接着多台 3D 打印机相互配合、逐层打印出各种器官组织层，才能将病人的器官精确地打印出来。

虽然现在由于受到成本和材料的限制，3D 打印还不能"打印一切"，但这项技术所蕴藏的"创造世界"的力量，已经让人们深深着迷和折服。

知识链接

4D 打印和 5D 打印

4D 打印比 3D 打印多了一个 D——时间维度。4D 打印制造的模型随时间的不同，可以呈现设定的不同形状或者性能。

5D 打印使用活性材料打印，其产品可以自发成长和变化。

54

基因工程能够帮助人类益寿延年吗

　　为什么有的人会成为色盲？为什么有的人会发胖或秃顶？为什么有的人容易患某一种疾病而不是另一种疾病？癌症、糖尿病、心脏病和白血病有没有根治的办法？如果想要弄清楚这些问题的答案，就离不开探索生命奥秘的基因工程技术。

　　DNA 是脱氧核糖核酸的英文缩写。我们通常所说的基因，指的就是带有遗传信息的 DNA 片段。1953 年 2 月，英国科学家弗朗西斯·克里克在剑桥的一家酒吧里宣布，人类已经发现了生命的秘密——正是细胞核中双螺旋结构的 DNA 分子，引导生物发育与生命机能运作，决定了生物的遗传性状。由此开始，人类基因这本自然天

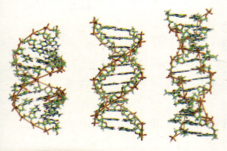

不同螺旋结构的 DNA 双链分子

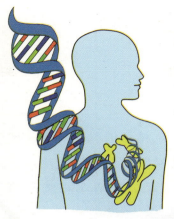

书翻开了第一页。接下来，科学家要凭借基因工程技术，把这本天书完整地破译出来，改变世界，改变人类。

1990年，"人类基因组计划"正式启动，由美国、英国、法国、德国、日本和中国科学家共同合作执行，目标是揭开组成人体2.5万个基因的30多亿对碱基的秘密，同时绘制出人类基因组遗传图和物理图。这个被誉为"生命科学里的登月计划"的跨国行动在2005年10月宣告完成，公布了人类基因组图谱，测定出了碱基顺序，掌握了基因在染色体上的位置、功能、结构及致病突变的情况。

可以预见，在不久的将来，科学家能够揭示人类大约5000种基因遗传病的致病基因，为人类罹患的各种疑难杂症找到基因疗法，益寿延年的梦想将会逐步变成现实。

55

楼房也能变农场吗

随着社会飞速发展和城镇化进程的加快，城市渐渐挤占了乡村，大量农田改造为宅基地。但是，吃饭永远是人们要解决的首要问题，有没有办法让高楼大厦也能变成农场呢？

让高楼大厦变成农场

除了原本就被当作"空中花园"的阳台，楼房的外墙也应该好好利用起来。楼体的高度决定了其外墙能接收更多阳光照射，根据高低错落的不同位置，安置对光照需求不同的作物，不仅丰富了品种，还能为墙面披上一件漂亮的绿色外衣。

阳光充裕，引水也不成问题，作物生长的三大要素满足了两个。那么，土壤呢？人们想出了水培的办法——在水中滴入营养液，浸没植物根部，并给予适当的光照，保证适宜的温度、湿度，这样，植物不但可以离开土壤生长，而且养分利用率和吸收率也提高了。同时，没有土壤的植株更加干净清爽，即使是蔬菜水果，也完全不输那些名贵花卉，作为家居装饰，别具风情。

除了在栽培技术上有所变革，科学家也对适宜"城市农场"的作物品种进行了改进。已经研发出的矮玉米和矮小麦，都能进行密度较大的种植，更适合在楼房外墙和阳台、屋顶种植，也能够有效提高产量。在城市里种菜种粮这种**立体农业**，能够有效利用空间种植作物，在一定程度上减轻农业生产的压力，早已不只是单纯的娱乐休闲。

除了立体农业，许多其他新型农业也正在蓬勃发展，比如，**精准农业**采用遥感技术和 GPS 技术对农作物进行监控，不间断地了解农作物的需求，精准把控土壤条件和实施作物管理，实现效益最大化；**旅游农业**将农业与旅游业结合到一起，让远离土地的城市居民体会乡村风光，多角度对农业进行充分利用；等等。农民扛着锄头下地的时代早已一去不返，取而代之的是科学、健全、可持续的农业发展。我们期待着，不论城市还是乡村，都能迎来金秋的丰收。

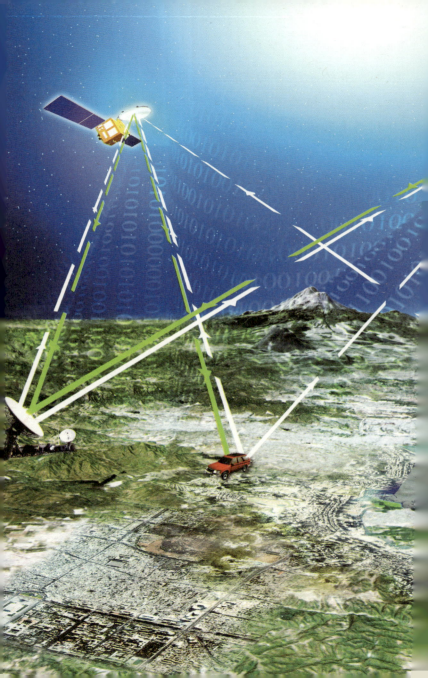

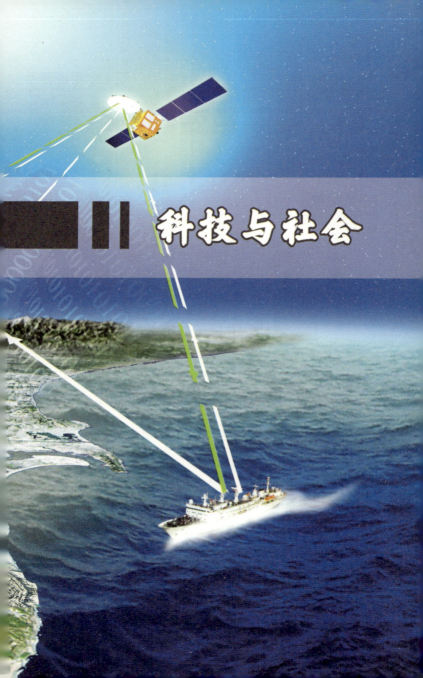

科技与社会

有必要谈"核"色变吗

1945年8月6日和8月9日，两颗原子弹终结了第二次世界大战。人类在迎来世界和平的同时，也被核武器的巨大威力所深深震撼。核能技术发展至今，虽然带来了巨大的效益和便利，但也因为切尔诺贝利和日本福岛的核电站等核泄漏事故而给人类社会留下难以抚平的伤痛。于是，在有些人看来，"核"几乎和"恐惧"画上了等号。不过，真的有必要谈"核"色变吗？

核安全问题一直是人们关注的焦点，在利用核能时，决不能在安全问题上有丝毫松懈。值得庆幸的是，科学家已经认识到这一点，并不断调整研究的方向，中国的核能源产业，更是将"以人为本"作为根本原则。

　　我国的核电产业秉承着"虚心求教"的优良传统，广泛学习世界各国核能发展的先进技术和设计理念，汲取它们暴露出来的问题和教训，从而未雨绸缪进行再次创新。"华龙一号"就是一个典型的例子，它是我国自主创新的第三代核电品牌，采用多重冗余的安全系统、单堆布置、双层安全壳等，全面贯彻了"纵深防御"的设计原则，安全指标和性能指标均达到国际先进水平。

　　在选址上，建造核电站的厂址必须经过严格的精挑细选，能最大限度规避外部灾害产生的不利影响，并且采用最高的安全标准。在这一点上，日本福岛核电站因地震和海啸引起的泄漏事故，就是典型的反面例证。

　　近20年的核电安全运行，证明了中国核电产业的运行安全业绩在全世界也是屈指可数的。我们真的不必谈"核"色变，而应更多了解核能的原理、知识、技术、理念，为建设更安全、更高效的核能系统贡献自己的力量。

核电站

星座能决定人的命运吗

　　"水瓶座爱好自由和个人主义，处女座拥有小心、谨慎、沉静和羞怯的性格，金牛座外表温驯，但内心充满欲望……"这些我们耳熟能详的星座性格，每天都充斥在我们周围，甚至有人认为星座算命可以反映出我们现在和将来的命运走向。占星术真的可以决定我们的性格与命运吗？

　　想知道星座预言可不可靠，就要先知道星座是怎么来的。古代人为了方便辨认星星，把位置比较靠近的星星归成一组，这样一组星星就叫作一个星座。公元前13世纪，古代巴比伦人把黄道附近的星座确定为12个，依次称为：白羊座、金牛座、双子座、巨蟹座、狮子座、室女座、天秤座、天蝎

美丽的夏日夜空

座、人马座、摩羯座、宝瓶座和双鱼座。现在大家常说的"水瓶座""处女座"等，并不是规范的天文学名词。

如今国际上通用的星座体系，是国际天文学联合会于1928年在古代星座的基础上最终划定的。它一共包含88个星座，每个星座都有一个明确的边界。其中，约有一半的星座以动物命名，1/4以希腊神话人物命名，还有1/4以仪器和用具命名。

星座是人为划分的

中国古代也有自己独特的星空划分体系。早在周代以前，人们就把群星划分成许多星官，意思大致和星座相仿。后来，又进一步演变为"三垣二十八宿"的星空体系。

由此可见，无论古今中外，星座如何划分和命名，完全是由人决定的。而占星术却宣扬人的性格与命运由星座决定，这不就完全本末倒置了吗？对于这种毫无科学根据的迷信，我们当然应该摒弃。

水真的知道答案吗

"米饭实验"

在讲水和答案的故事之前，让我们先说说米饭和答案的事。有报道称，某小学三四年级的学生在教师倡导下，热衷于进行"米饭实验"。在冰箱中储存三盒米饭，每天以不同的态度对待它们，一个月后米饭会呈现不同的变化：被说好话的会发酵并散发出香气；被用力骂的会变黑发臭；从不被理睬的会流出脏水。

这个米饭实验与近年来流传的一段关于水和答案的故事有异曲同工之处：一杯再普通不过的自来水，面对"谢谢"这种礼貌美好的词汇，会结晶成美丽的六角形；面对"混蛋"这种不好的词汇，则无法结晶或者结晶成难看的形状……这段神奇故事来自一本日本图书《水知道答案》，这本书也因此成为不少人的心灵鸡汤，并在科普图书畅销榜上高

看不懂！ 我懂！

beautiful water

居不下。水真的能听（看）懂人的语言文字，并能区分真假善恶吗？

水能听（看）懂人的语言文字吗？

事实上，水结晶成什么形状只和温度与湿度有关，在 −15℃左右，水会倾向于结成六角形、树枝状的美丽结晶。随着温度升高，结晶会融化，这时我们通过显微镜就可以观察到结构被破坏了的结晶。《水知道答案》的作者正是把水的结晶条件（温度和湿度）调包为听到消息的好坏，来迷惑读者的。

类似《水知道答案》这种顶着科学光环的伪科学还有不少，水变油、吃绿豆治百病……在《水知道答案》的诞生地日本，长期从事科学教育工作的左卷健男教授出版了一本针锋相对的书《水不知道答案》（中文版由科学普及出版社出版），揭开了《水知道答案》一书作者的真实目的——用 π 水、磁化水等所谓"健康饮水"的概念迷惑公众，牟取利益。

知道了关于水的真实答案，现在你能否找出米饭的答案呢？

59 你希望有另一个克隆的你吗

"克隆"是英语单词 clone 的音译，意为由一个细胞或个体通过无性分裂的方式增殖形成具有相同遗传性状的一群细胞或一群个体。生物体的每一个细胞里都包含着全部遗传信息，只是除了精细胞、卵细胞外，这些信息大都是关闭的，细胞也是特化的，也就是说肝细胞只能分裂成肝细胞，肾细胞只能分裂成肾细胞，皮细胞也只能分裂成皮细胞……不过，这些信息一旦被激活，那么一截发丝、一粒皮屑中的细胞都能复制出一个完整的个体。

克隆人牵涉道德伦理和法律等诸多问题，争议极大，目前许多国家已立法禁止克隆人。在科学家和公众越来

克隆羊多莉

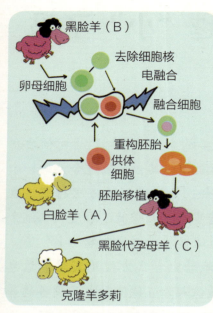

黑脸羊（B）

卵母细胞

去除细胞核

电融合

融合细胞

重构胚胎

供体细胞

胚胎移植

白脸羊（A）

黑脸代孕母羊（C）

克隆羊多莉

克隆羊多莉的诞生过程

越相信基因是生命的主宰的时代，克隆技术的出现和发展不能不让人忧心忡忡，因为在遗传学上完全一样的两个个体，势必会引发巨大的麻烦甚至悲剧。更何况，每个人的精神世界都是不同的，从这个角度来说，人人都是独一无二的，应该没有人希望出现一个克隆的自己。

地球越变越"小"了吗

古人云："读万卷书，行万里路。"古时候要用马车才能拉动的万卷竹简，其内容装进今天的一个小巧U盘还绰绰有余；舟车劳顿的万里行程，也因交通工具的不断进步而大大降低了难度。从这个角度来说，今天的地球显然变得越来越"小"了。

除了人自身的活动比古代方便千百倍，信息的传输效率更是发展惊人。互联网和电子设备的普及，使人类文明步入了一个新的时代。一只蝴蝶在巴西扇动翅膀或许会使得克萨斯州刮起龙卷风，但是得州人早在龙卷风到来之前便可以通过摄像头和无线传输看到这只扇动翅膀的蝴蝶了。

如今人人离不开的互联网，始于1969年的美国，当时是美军在阿帕网制定的